Mina Kumari

Atenção Matemática: Encontrar a calma no caos através dos números

Mina Kumari

Atenção Matemática: Encontrar a calma no caos através dos números

ScienciaScripts

Imprint
Any brand names and product names mentioned in this book are subject to trademark, brand or patent protection and are trademarks or registered trademarks of their respective holders. The use of brand names, product names, common names, trade names, product descriptions etc. even without a particular marking in this work is in no way to be construed to mean that such names may be regarded as unrestricted in respect of trademark and brand protection legislation and could thus be used by anyone.

Cover image: www.ingimage.com

This book is a translation from the original published under ISBN 978-620-7-47756-2.

Publisher:
Sciencia Scripts
is a trademark of
Dodo Books Indian Ocean Ltd. and OmniScriptum S.R.L publishing group

120 High Road, East Finchley, London, N2 9ED, United Kingdom
Str. Armeneasca 28/1, office 1, Chisinau MD-2012, Republic of Moldova, Europe
Printed at: see last page
ISBN: 978-620-7-72336-2

Prefácio

No mundo acelerado e em constante mudança em que vivemos, encontrar momentos de calma no meio do caos é um objetivo muito apreciado. É frequente procurarmos consolo em várias práticas, como a meditação, o ioga ou passar tempo na natureza. No entanto, há outra via através da qual podemos alcançar a tranquilidade: a matemática. Este livro aprofunda o conceito de atenção matemática, explorando a forma como os números, os padrões e as equações nos podem guiar em direção à paz interior e a uma compreensão mais profunda do mundo que nos rodeia.

Saudações calorosas,

Dr. Mina Kumari

Índice

Capítulo 1: A harmonia dos números

A beleza da matemática

A matemática é frequentemente considerada como a linguagem do universo, uma ferramenta universal para compreender e descrever o mundo que nos rodeia. Neste capítulo, aprofundamos a beleza inerente à matemática e o seu profundo impacto na nossa perceção da realidade.

Explorando padrões e simetria

Um dos aspectos mais cativantes da matemática é a prevalência de padrões e simetria. Desde os intrincados desenhos encontrados nos flocos de neve até às elegantes espirais das conchas, a natureza está repleta de exemplos de beleza matemática. Exploramos a simetria hipnotizante do conjunto de Mandelbrot, um padrão fractal que exibe auto-similaridade a todas as escalas, revelando a complexidade infinita e a ordem do mundo natural.

A Sequência de Fibonacci e a Razão Áurea

No coração da beleza matemática está a sequência de Fibonacci e a Razão Áurea, dois conceitos interligados que permeiam a natureza e a arte. Desvendamos a sequência de Fibonacci, uma série de números em que cada termo é a soma dos dois termos anteriores, e a sua manifestação em fenómenos como a disposição das folhas num caule e os padrões em espiral dos girassóis. Além disso, aprofundamos a Proporção Áurea, uma proporção matemática que aparece nas dimensões das formas geométricas, nas estruturas arquitectónicas e até na estética humana, impregnando-as de um sentido de harmonia e equilíbrio.

Música e Matemática

A relação entre a matemática e a música remonta a milénios, com compositores e músicos a inspirarem-se em princípios matemáticos para criar melodias e ritmos harmoniosos. Exploramos os fundamentos matemáticos da música, desde as frequências exactas das notas musicais até aos padrões rítmicos das composições. Através de exemplos como a sequência de Fibonacci nas composições de Bach e a estrutura matemática das escalas musicais, descobrimos a profunda ligação entre a matemática e a beleza auditiva da música.

Na busca da beleza matemática, não só ganhamos uma compreensão mais profunda do mundo, como também cultivamos um profundo apreço pelos padrões e simetrias intrincados que nos rodeiam. Através da exploração da sequência de Fibonacci, da Proporção Áurea e dos princípios matemáticos subjacentes à música, embarcamos numa viagem para descobrir a harmonia inerente aos números e o seu poder transformador para inspirar admiração e espanto.

Padrões e simetria

Os padrões e a simetria são conceitos fundamentais da matemática que permeiam o mundo natural, a arte e as criações humanas. Nesta secção, vamos aprofundar a natureza cativante dos padrões e a beleza inerente à simetria.

Padrões na Natureza

A natureza está repleta de padrões intrincados, desde a ramificação das árvores até à formação de nuvens no céu. Estes padrões resultam frequentemente de princípios matemáticos subjacentes e desempenham funções essenciais no ecossistema. Por exemplo, a forma hexagonal das células do favo de mel maximiza a utilização do espaço, minimizando o gasto de material e energia, demonstrando a eficiência dos padrões naturais. Outros exemplos incluem os padrões em espiral das conchas, as tesselações encontradas nas asas das borboletas e as pétalas simétricas das flores. Através da observação e da análise matemática, os cientistas e os matemáticos descobrem os algoritmos subjacentes que regem estes padrões, revelando a simplicidade elegante do design da natureza.

A simetria na arte e na arquitetura

Há muito que a simetria é venerada na arte e na arquitetura pelo seu apelo estético e sentido de equilíbrio. Ao longo da história, os artistas e arquitectos incorporaram elementos simétricos nas suas obras para evocar harmonia e ordem. Nas civilizações antigas, como a Grécia e o Egipto, a simetria era uma marca distintiva do design arquitetónico, observada nas proporções precisas de colunas, templos e monumentos. O conceito de simetria bilateral, em que um objeto é idêntico em ambos os lados quando dividido ao longo de um eixo central, é predominante na arte clássica e continua a ser um princípio orientador no design contemporâneo.

Simetria matemática

A simetria matemática ultrapassa a estética visual para abranger conceitos abstractos como a teoria dos grupos e os grupos de simetria. Os grupos de simetria descrevem as propriedades simétricas das figuras geométricas e de outros objectos matemáticos, fornecendo uma estrutura para compreender as transformações que preservam a sua forma e estrutura. Por exemplo, as simetrias de um quadrado incluem rotações de 90, 180 e 270 graus, bem como reflexões sobre os seus eixos. Estas simetrias formam um grupo sob composição, ilustrando a rica estrutura matemática subjacente à simetria.

Fractais e auto-similaridade

Os fractais são formas geométricas caracterizadas pela auto-similaridade, o que significa que apresentam padrões semelhantes a diferentes escalas. O conjunto de Mandelbrot, assim designado em homenagem ao matemático Benoit Mandelbrot, é um dos exemplos mais famosos de um padrão fractal. É constituído por estruturas infinitamente complexas que se repetem a todos os níveis de ampliação, revelando a profundidade e a riqueza infinitas da simetria matemática. A geometria fractal tem aplicações em diversos domínios, desde a computação gráfica e a arte digital até ao estudo de fenómenos naturais como as linhas costeiras e as cadeias de montanhas.

Em resumo, os padrões e a simetria são omnipresentes na natureza, na arte e na matemática, servindo como fontes de inspiração e fascínio para gerações de pensadores e criadores. Quer se encontrem nos delicados veios de uma folha ou na majestosa arquitetura de uma catedral, os padrões e a simetria recordam-nos a ordem e a beleza inerentes ao universo, convidando-nos a explorar os mistérios da matemática e a sua profunda influência no mundo que nos rodeia.

Sequência de Fibonacci e Razão Áurea

A sequência de Fibonacci e a Proporção Áurea são dois conceitos matemáticos interligados que fascinaram matemáticos, artistas e cientistas durante séculos. Nesta secção, exploramos as origens, propriedades e aplicações destes fenómenos notáveis.

A sequência de Fibonacci

A sequência de Fibonacci é um padrão numérico cativante que se manifesta em numerosos fenómenos naturais, criações artísticas e conceitos matemáticos. Nesta exploração detalhada, descobrimos a beleza, o significado e as aplicações da sequência de Fibonacci, desde as suas origens até às suas manifestações na natureza e mais além.

1. **Origens e definição:**

A sequência de Fibonacci deve o seu nome ao matemático italiano Leonardo de Pisa, também conhecido como Fibonacci, que a apresentou ao mundo ocidental no seu livro "Liber Abaci" em 1202. A sequência começa com 0 e 1, sendo cada número subsequente a soma dos dois números anteriores. Assim, a sequência começa da seguinte forma: 0, 1, 1, 2, 3, 5, 8, 13, 21, 34, e assim por diante.

2. **Propriedades matemáticas:**

A sequência de Fibonacci apresenta propriedades e relações matemáticas fascinantes. À medida que a sequência progride, a razão entre os números de Fibonacci consecutivos aproxima-se da razão áurea, aproximadamente 1,6180339887. Esta razão, denotada pela letra grega p (phi), tem um significado estético e matemático notável, aparecendo na arte, na arquitetura e nos fenómenos naturais.

3. **Manifestações na Natureza:**

A sequência de Fibonacci e a proporção áurea são predominantes na natureza, aparecendo na disposição das folhas das plantas, pétalas, sementes e pinhas. Os padrões espirais de conchas, girassóis e furacões seguem frequentemente as espirais de Fibonacci, caracterizadas por uma expansão consistente baseada nos números de Fibonacci. Estas manifestações naturais da sequência de Fibonacci exemplificam a ordem, a eficiência e a beleza inerentes ao mundo natural.

4. **Aplicações artísticas e arquitectónicas:**

Há séculos que artistas e arquitectos se inspiram na sequência de Fibonacci e na proporção áurea, incorporando estes princípios matemáticos nas suas criações. Artistas da Renascença como Leonardo da Vinci e arquitectos como Le Corbusier utilizaram espirais de Fibonacci e rectângulos dourados nas suas obras-primas, resultando em composições visualmente harmoniosas que ressoam com os espectadores a um nível profundo.

5. Curiosidades e desafios matemáticos:

A sequência de Fibonacci continua a cativar os matemáticos com a sua miríade de curiosidades e desafios. Os matemáticos exploram várias propriedades dos números de Fibonacci, como as regras de divisibilidade, as propriedades dos números primos e a aritmética modular. A sequência de Fibonacci também apresenta enigmas e conjecturas intrigantes, como a conjetura de Fibonacci e o problema das palavras de Fibonacci, que continuam a estimular a investigação e a exploração matemáticas.

Origem e história

A sequência de Fibonacci deve o seu nome ao matemático italiano Leonardo de Pisa, também conhecido como Fibonacci, que a introduziu na matemática ocidental no seu livro "Liber Abaci" (1202). No entanto, a sequência já tinha sido descrita na matemática indiana no século VI d.C.

Propriedades e características

A sequência de Fibonacci apresenta várias propriedades fascinantes, muitas das quais se encontram na natureza:

- **Relação da Razão Áurea**: À medida que a sequência progride, a razão entre os números de Fibonacci consecutivos aproxima-se da Razão Áurea (aproximadamente 1,61803398875), indicada pela letra grega phi (^).
- **Retângulo de Ouro**: Quando dois números de Fibonacci adjacentes são utilizados para formar um retângulo, como 1x1, 2x3, 3x5, 5x8, etc., o retângulo resultante aproxima-se das proporções da Proporção Áurea.
- **Aparência na natureza**: A sequência de Fibonacci aparece em vários fenómenos naturais, tais como a disposição das folhas num caule, os padrões de ramificação das árvores, as espirais das sementes de girassol e a estrutura das pinhas e dos ananases.

A proporção áurea

A Proporção Áurea, frequentemente designada pela letra grega phi (^), é um número irracional aproximadamente igual a 1,61803398875. É definida como a razão de duas quantidades tais que a razão entre a soma das quantidades e a quantidade maior é igual à razão entre a quantidade maior e a menor. Matematicamente, p = (1 + ^5) / 2.

Origem e história

A Proporção Áurea é conhecida desde a antiguidade e foi amplamente estudada por matemáticos, artistas e arquitectos ao longo da história. Aparece nas obras de matemáticos gregos antigos, como Euclides e Pitágoras, e foi mais tarde descrita em pormenor por estudiosos do Renascimento, como Leonardo da Vinci.

Propriedades e características

A Proporção Áurea possui várias propriedades e aplicações intrigantes:

- **Proporção e estética**: A proporção áurea é frequentemente associada à beleza estética e a proporções harmoniosas. Aparece nas proporções da arquitetura clássica, arte e anatomia humana, incluindo as dimensões do Partenon em Atenas e o rosto da Mona Lisa.

- **Retângulo Áureo e Espiral**: A Proporção Áurea define as proporções do Retângulo Áureo, que tem lados na razão de p. Quando uma série de Retângulos Áureos é disposta em espiral, forma a Espiral Áurea, encontrada em fenómenos naturais como as conchas de nautilus e os furacões.

- **Propriedades matemáticas**: A Proporção Áurea possui propriedades matemáticas únicas, incluindo o seu aparecimento como o limite da sequência de Fibonacci e o seu papel na resolução de equações quadráticas e no cálculo de fracções contínuas.

Aplicações e significado

A sequência de Fibonacci e a Proporção Áurea têm aplicações generalizadas em vários domínios, incluindo a matemática, a arte, a arquitetura, a biologia e as finanças. Servem de modelos para a compreensão de fenómenos naturais, para a conceção de composições esteticamente agradáveis e para a otimização de algoritmos matemáticos.

Em resumo, a sequência de Fibonacci e a Proporção Áurea são dois conceitos matemáticos notáveis que exemplificam a beleza e a elegância dos números. Desde as suas origens na matemática antiga até às suas aplicações generalizadas na ciência e na arte modernas, estes fenómenos continuam a cativar e a inspirar tanto os estudiosos como os entusiastas, realçando a profunda interligação entre a matemática e o mundo natural.

Música e Matemática

A relação entre a música e a matemática é uma intersecção fascinante onde padrões, rácios e estruturas se fundem para criar composições harmoniosas. Nesta secção, aprofundamos as ligações profundas entre estas duas disciplinas e exploramos a forma como os princípios matemáticos sustentam a beleza da música.

Fundamentos matemáticos da música

Na sua essência, a música é uma forma de arte temporal que se baseia em princípios matemáticos para organizar o som em estruturas coerentes. Os elementos fundamentais da música, como a altura, o ritmo e a harmonia, podem ser descritos e analisados através de conceitos matemáticos.

Tom e frequência

O tom, ou seja, a perceção da intensidade ou da intensidade de um som, está diretamente relacionado com a frequência das vibrações produzidas por um instrumento musical ou pelas cordas vocais. A relação entre o tom e a frequência segue uma fórmula matemática: quanto maior for a frequência, maior será o tom. Por exemplo, se a frequência de uma onda sonora duplicar, o tom percepcionado pelo ouvido humano também duplica.

Ritmo e compasso

O ritmo, a organização temporal dos eventos musicais, é regido por relações matemáticas entre as durações das notas e as fórmulas de compasso. As fórmulas de compasso indicam o número de batidas por compasso e o tipo de nota que recebe uma batida, como o tempo 4/4 (quatro batidas por compasso, a semínima recebe uma batida). Ao aplicar princípios matemáticos, os músicos podem criar padrões rítmicos complexos e síncopes que acrescentam profundidade e textura às composições.

Harmonia e intervalos musicais

A harmonia, a combinação de tons simultâneos, baseia-se em rácios matemáticos para criar consonância e dissonância. Os intervalos musicais, a distância entre dois tons, podem ser expressos como rácios de frequências. Por exemplo, a oitava perfeita corresponde a uma relação de frequência de 2:1, enquanto a quinta perfeita corresponde a uma relação de 3:2. Estas relações matemáticas formam a base das progressões harmónicas e das estruturas de acordes na teoria musical.

Sequência de Fibonacci na música

A sequência de Fibonacci, com as suas propriedades matemáticas inerentes, também se manifesta no domínio da música. Compositores e músicos incorporaram números e razões de Fibonacci nas suas composições para criar melodias e estruturas esteticamente agradáveis. Os exemplos incluem a utilização de ritmos de Fibonacci, em que as durações das notas correspondem aos números de Fibonacci, e a aplicação da Proporção Áurea na forma e fraseado musicais.

Composição Algorítmica

Na composição musical moderna, os algoritmos e as técnicas computacionais são utilizados para gerar composições musicais baseadas em princípios matemáticos. A composição algorítmica envolve a utilização de algoritmos para gerar sequências musicais, harmonias e texturas, resultando em obras inovadoras e experimentais que ultrapassam os limites da composição musical tradicional.

Conclusão

A relação entre a música e a matemática é um testemunho da interligação entre a criatividade humana e a investigação científica. Através de princípios matemáticos, os músicos podem analisar, criar e inovar no domínio do som, levando a uma compreensão e apreciação mais profundas da beleza da música. Quer seja através dos cálculos precisos das frequências de afinação ou dos ritmos intrincados das composições algorítmicas, a matemática continua a inspirar e a enriquecer o mundo da música, moldando a nossa perceção e experiência da arte auditiva.

Capítulo 2: Encontrando o equilíbrio em equações

As equações como ferramentas para a compreensão

As equações são ferramentas poderosas para compreender e descrever relações entre quantidades em vários domínios de estudo, incluindo a matemática, a física, a química e a economia. Neste capítulo, exploramos a forma como as equações fornecem uma estrutura para representar fenómenos do mundo real e resolver problemas, encontrando o equilíbrio entre diferentes factores.

Compreender as equações

Na sua essência, uma equação é uma declaração matemática que afirma a igualdade de duas expressões. É constituída por símbolos matemáticos, variáveis, constantes e operações como a adição, a subtração, a multiplicação e a divisão. As equações permitem-nos expressar relações entre quantidades e resolver valores desconhecidos, manipulando a equação de acordo com regras e princípios estabelecidos.

Equações de equilíbrio

Em muitos casos, as equações representam um estado de equilíbrio entre diferentes factores ou variáveis. Por exemplo, em física, a segunda lei do movimento de Newton ($F = ma$) descreve o equilíbrio entre a força (F), a massa (m) e a aceleração (a). Do mesmo modo, em química, as equações químicas representam o equilíbrio entre reagentes e produtos numa reação química, com a massa total e a carga a permanecerem constantes.

Aplicações na vida quotidiana

As equações desempenham um papel vital em vários aspectos da vida quotidiana, desde a orçamentação financeira ao planeamento de rotas de viagem. Por exemplo, as pessoas utilizam equações para calcular pagamentos de hipotecas, determinar orçamentos de compras ideais e planear investimentos com base em taxas de juro e períodos de capitalização. As equações também ajudam os engenheiros a conceber estruturas, otimizar processos e prever resultados em áreas como os transportes, a indústria transformadora e as telecomunicações.

Alcançar o equilíbrio através de princípios matemáticos

Para além de resolverem problemas específicos, as equações incorporam princípios matemáticos fundamentais como a simetria, a proporcionalidade e as leis de conservação. Ao compreender estes princípios, os indivíduos podem aplicar o raciocínio matemático para tomar decisões informadas e navegar eficazmente em situações complexas. Por exemplo, o princípio da conservação da energia afirma que a energia não pode ser criada ou destruída, apenas transformada de uma forma para outra. Este princípio orienta engenheiros e cientistas na conceção de sistemas energeticamente eficientes e de tecnologias sustentáveis.

Conclusão

As equações são ferramentas essenciais para compreender o mundo que nos rodeia e para resolver problemas, encontrando o equilíbrio entre diferentes factores. Seja na matemática, nas ciências, na engenharia ou na vida quotidiana, as equações fornecem uma abordagem estruturada para analisar relações, fazer previsões e alcançar os resultados desejados. Ao dominar a arte de equilibrar equações, os indivíduos adquirem uma apreciação mais profunda dos princípios subjacentes da matemática e das suas aplicações práticas em diversos domínios de estudo.

O equilíbrio das equações

Em várias disciplinas, as equações são ferramentas poderosas para descrever relações entre diferentes variáveis ou quantidades. Um aspeto crucial das equações é a sua capacidade de representar um estado de equilíbrio, em que as quantidades de um lado da equação são iguais às do outro lado. Nesta secção, exploramos o significado do equilíbrio nas equações em diferentes campos e contextos.

Equações como representações de equilíbrio

Na sua essência, uma equação afirma a igualdade de duas expressões, indicando que estão em equilíbrio. Este equilíbrio pode representar vários fenómenos, como o equilíbrio de forças em física, a conservação de massa e energia em química ou a igualdade de receitas e despesas em economia. Compreender e manter o equilíbrio nas equações é essencial para resolver problemas e fazer previsões exactas nestas disciplinas.

Física: Leis do movimento de Newton

Em física, as equações representam frequentemente o equilíbrio de forças, massas e acelerações. A segunda lei do movimento de Newton, F = ma, é um exemplo clássico deste equilíbrio, em que a força (F) é igual à massa (m) multiplicada pela aceleração (a). Esta equação descreve a relação entre a força externa aplicada a um objeto, a sua massa e a aceleração resultante, realçando o princípio do equilíbrio no movimento.

Química: Reacções químicas

As equações químicas ilustram o equilíbrio entre reagentes e produtos numa reação química. Por exemplo, a equação equilibrada para a combustão de metano (CH4) em oxigénio (O2) é CH4 + 2O2 ^ CO2 + 2H2O. Esta equação garante que o número total de átomos de cada elemento permanece constante antes e depois da reação, demonstrando o princípio da conservação da massa e o equilíbrio das espécies químicas.

Economia: Oferta e procura

Em economia, as equações descrevem o equilíbrio entre a oferta e a procura nos mercados. Por exemplo, o preço de equilíbrio (P*) e a quantidade (Q*) num mercado são determinados pela intersecção da curva da oferta (S) e da curva da procura (D), representada pela equação P = D = S. Esta equação significa o equilíbrio entre a quantidade de bens ou serviços fornecidos pelos produtores e a quantidade procurada pelos consumidores a um determinado nível de preços.

Alcançar o equilíbrio através de operações matemáticas

O equilíbrio de equações requer muitas vezes operações matemáticas como a adição, a subtração, a multiplicação e a divisão para manipular as expressões de ambos os lados até ficarem iguais. Este processo pode envolver o rearranjo de termos, a simplificação de expressões ou a resolução de variáveis desconhecidas para atingir o equilíbrio. Ao aplicar princípios e técnicas matemáticas, os indivíduos podem equilibrar equações de forma eficaz e retirar delas conclusões significativas.

Conclusão

O equilíbrio de equações é um conceito fundamental que está na base da resolução e análise de problemas em várias disciplinas. Seja na física, na química, na economia ou noutros campos, as equações servem como representações matemáticas de equilíbrio e balanceamento, permitindo-nos compreender e prever fenómenos complexos no mundo que nos rodeia. Ao dominar a arte de equilibrar equações, os indivíduos adquirem competências valiosas para interpretar dados, tomar decisões e fazer avançar o conhecimento nos seus respectivos domínios.

Aplicar equações na vida quotidiana

As equações desempenham um papel crucial na nossa vida quotidiana, ajudando-nos a resolver problemas, a tomar decisões e a compreender o mundo que nos rodeia. Nesta secção, exploramos a forma como as equações são aplicadas em vários aspectos da vida quotidiana, desde as finanças pessoais às tarefas domésticas e muito mais.

Orçamentação e finanças pessoais

As equações são amplamente utilizadas em orçamentos e finanças pessoais para gerir rendimentos, despesas, poupanças e investimentos. As pessoas aplicam equações para calcular orçamentos mensais, planear a reforma, estimar o pagamento de empréstimos e analisar o retorno dos investimentos. Por exemplo, a equação dos juros compostos ($A = P(1 + r/n)^{A}$ (nt)) é utilizada para determinar o valor futuro dos investimentos, tendo em conta o montante principal (P), a taxa de juro (r), a frequência de capitalização (n) e o tempo (t).

Culinária e receitas

As equações são utilizadas na culinária e nas receitas para ajustar as quantidades dos ingredientes, dimensionar as receitas e calcular os tempos de cozedura. Os pasteleiros, por exemplo, utilizam equações para converter as medidas das receitas entre unidades diferentes (por exemplo, gramas para onças) ou para ajustar as proporções dos ingredientes com base no tamanho das porções. As equações também ajudam a determinar os tempos e as temperaturas de cozedura para obter as texturas e os sabores desejados nos produtos de pastelaria.

Planeamento de viagens e navegação

As equações são aplicadas no planeamento de viagens e na navegação para calcular distâncias, velocidades, tempos de viagem e consumo de combustível. Quer se trate de estimar distâncias de condução utilizando o teorema de Pitágoras, de calcular tempos de viagem com base em velocidades médias ou de determinar a eficiência do combustível utilizando equações como milhas por galão (MPG), as pessoas recorrem a fórmulas matemáticas para planear percursos eficientes e económicos para deslocações pendulares, viagens de carro e férias.

Projectos de melhoramento da casa e de bricolage

As equações são utilizadas em projectos de melhoramento da casa e de bricolage (DIY) para medir dimensões, estimar materiais e calcular custos. Por exemplo, os proprietários de casas podem utilizar equações para determinar a área de uma divisão para comprar pavimentos ou tintas, calcular o volume de tinta necessário para cobrir uma superfície ou estimar a quantidade de madeira necessária para construir um deck ou uma vedação. As equações também ajudam as pessoas a fazer orçamentos para renovações de casas e a comparar orçamentos de empreiteiros.

Fitness e exercício físico

As equações desempenham um papel importante na aptidão física e no exercício, calculando métricas como o índice de massa corporal (IMC), o gasto calórico, as zonas de ritmo cardíaco e a intensidade do exercício. Os indivíduos utilizam equações para acompanhar o progresso, definir objectivos de fitness e conceber rotinas de treino adaptadas às suas necessidades e preferências. Por exemplo, a equação para calcular o IMC (IMC = peso (kg) / altura (m)^{A} 2) ajuda a avaliar a composição corporal e a monitorizar as alterações nos níveis de peso e de condição física ao longo do tempo.

Conclusão

As equações são ferramentas versáteis que encontram aplicação em vários aspectos da vida quotidiana, desde a gestão das finanças e a confeção de refeições até ao planeamento de viagens e projectos de melhoramento da casa. Ao compreender e aplicar princípios matemáticos, os indivíduos podem tomar decisões informadas, resolver problemas práticos e aumentar a sua eficiência e eficácia nas tarefas e actividades diárias. As equações permitem-nos navegar nas complexidades da vida moderna e atingir os nossos objectivos com confiança e precisão.

Alcançar o equilíbrio através de princípios matemáticos

O equilíbrio é um conceito fundamental em matemática que se manifesta de várias formas, desde equações e formas geométricas a cálculos financeiros e fenómenos físicos. Nesta secção, exploramos a forma como os princípios matemáticos contribuem para alcançar o equilíbrio em diferentes contextos e disciplinas.

Simetria e Equilíbrio

A simetria é um princípio matemático fundamental que incorpora o equilíbrio e a harmonia em formas, padrões e estruturas geométricas. Os objectos com propriedades simétricas exibem equilíbrio em torno de um eixo ou ponto central, tal como uma imagem espelhada. Por exemplo, um círculo possui uma simetria rotacional, em que tem o mesmo aspeto após qualquer rotação em torno do seu centro. A simetria desempenha um papel crucial na arte, arquitetura e design, criando composições esteticamente agradáveis que evocam uma sensação de equilíbrio e ordem.

Leis de Conservação

As leis de conservação são princípios fundamentais da física e da química que descrevem a conservação de certas quantidades em sistemas isolados. Estas leis afirmam que propriedades específicas, como a energia, o momento, a massa e a carga, permanecem constantes ao longo do tempo, mesmo quando os sistemas sofrem alterações ou transformações. Por exemplo, a lei da conservação da energia afirma que a energia não pode ser criada ou destruída, apenas convertida de uma forma para outra. As leis de conservação fornecem uma estrutura para compreender e prever o comportamento dos sistemas físicos e garantir o equilíbrio na sua dinâmica.

Equilíbrio em economia

Em economia, o equilíbrio representa um estado de equilíbrio entre a oferta e a procura nos mercados. Os preços e as quantidades de equilíbrio são determinados pela intersecção das curvas da oferta e da procura, em que a quantidade oferecida é igual à quantidade procurada a um determinado nível de preços. Este equilíbrio garante a eficiência do mercado e a eficiência da afetação, em que os recursos são atribuídos de forma óptima para satisfazer as preferências dos consumidores e maximizar o bem-estar. Os modelos económicos, como a análise da oferta e da procura e a teoria do equilíbrio geral, baseiam-se em princípios matemáticos para analisar a dinâmica do mercado e prever os resultados.

Otimização e eficiência

As técnicas de otimização matemática são utilizadas para alcançar o equilíbrio e a eficiência em vários domínios, como a engenharia, a logística e a investigação operacional. Os problemas de otimização envolvem a maximização ou minimização de funções objetivo sujeitas a restrições, com o objetivo de encontrar a melhor solução possível que optimize um determinado critério. Por exemplo, os engenheiros utilizam algoritmos de otimização para conceber estruturas eficientes, minimizar custos e maximizar o desempenho em áreas como redes de transportes, processos de fabrico e sistemas de energia. Os princípios de otimização contribuem para alcançar o equilíbrio entre objectivos e restrições concorrentes, conduzindo a uma melhor produtividade e utilização de recursos.

Conclusão

Os princípios matemáticos desempenham um papel central na obtenção do equilíbrio em diversas disciplinas e contextos, desde a simetria e as leis de conservação na física até ao equilíbrio na economia e à otimização na engenharia. Ao aplicar o raciocínio e as técnicas matemáticas, os indivíduos e os profissionais podem analisar sistemas complexos, resolver problemas práticos e tomar decisões informadas que promovam o equilíbrio, a eficiência e a sustentabilidade. A adoção de princípios matemáticos permite-nos navegar pelas complexidades do mundo e procurar a harmonia e o equilíbrio nos nossos empreendimentos.

Capítulo 3: A arte de resolver problemas

Aceitar os desafios

Neste capítulo, exploramos a arte da resolução de problemas como forma de enfrentar desafios e ultrapassar obstáculos em vários aspectos da vida. A resolução de problemas não é apenas uma questão de encontrar soluções, mas também de cultivar a resiliência, a criatividade e as capacidades de pensamento crítico.

A natureza dos desafios

Os desafios são inerentes à experiência humana, apresentando-se sob diferentes formas, tais como desafios académicos, profissionais, pessoais e sociais. Quer se trate de resolver um teorema matemático complexo, de navegar em conflitos interpessoais ou de abordar questões globais como as alterações climáticas, os desafios põem à prova as nossas capacidades e obrigam-nos a crescer e a adaptarmo-nos.

A importância da resiliência

A resiliência é a capacidade de recuperar de contratempos, fracassos e adversidades. Aceitar desafios requer resiliência, uma vez que permite aos indivíduos perseverar perante os obstáculos, aprender com os contratempos e manter-se concentrados nos seus objectivos. A resiliência implica o desenvolvimento de uma mentalidade de crescimento, a transformação dos fracassos em oportunidades de crescimento e a manutenção de uma atitude positiva em situações difíceis.

Estratégias para a resolução de problemas

A resolução eficaz de problemas exige uma abordagem sistemática que envolve a definição do problema, a criação de potenciais soluções, a avaliação de alternativas, a implementação de um plano de ação e a reflexão sobre os resultados. Estratégias como a decomposição dos problemas em tarefas mais pequenas e manejáveis, o brainstorming de soluções criativas, a procura de contributos de outros e o teste de hipóteses são essenciais para enfrentar com êxito desafios complexos.

O papel da criatividade

A criatividade é uma componente essencial da resolução de problemas, uma vez que implica pensar fora da caixa, gerar ideias novas e explorar soluções não convencionais. Incentivar a criatividade requer a promoção de um ambiente que valorize a experimentação, a curiosidade e a abertura de espírito. Técnicas como o mapeamento mental, o pensamento analógico e o pensamento lateral podem estimular a criatividade e inspirar soluções inovadoras para problemas difíceis.

Aprender com o fracasso

O fracasso é uma parte inevitável do processo de resolução de problemas, mas também apresenta oportunidades de aprendizagem valiosas. Aceitar o insucesso implica encarar os contratempos como trampolins para o sucesso, analisar os erros para identificar áreas a melhorar e manter a resiliência face à adversidade. Ao aceitar o fracasso como uma parte natural do processo de aprendizagem, os indivíduos podem desenvolver maior resiliência, perseverança e adaptabilidade.

Conclusão

A arte de resolver problemas é um processo transformador que permite aos indivíduos aceitar desafios, desenvolver resiliência e cultivar a criatividade nas suas vidas. Ao adotar estratégias sistemáticas, manter uma mentalidade de crescimento e aprender com os fracassos, os indivíduos podem ultrapassar obstáculos, atingir os seus objectivos e prosperar perante a adversidade. Aceitar desafios não só reforça as competências de resolução de problemas, como também promove o crescimento pessoal, a auto-confiança e a resiliência face às incertezas da vida.

Estratégias para a resolução de problemas

A resolução de problemas é uma competência vital que os indivíduos utilizam para enfrentar desafios e navegar eficazmente por várias situações. Nesta secção, exploramos diferentes estratégias de resolução de problemas que podem ser aplicadas em diferentes contextos e disciplinas.

1. Definir o problema

O primeiro passo na resolução de problemas é definir claramente o problema ou desafio em causa. Isto implica identificar a questão específica, compreender as suas causas subjacentes e determinar o resultado desejado. Ao definir o problema com precisão, os indivíduos podem concentrar os seus esforços na procura de soluções adequadas e evitar perder tempo com factores irrelevantes.

2. Desvendar o problema

A divisão de problemas complexos em componentes mais pequenos e mais fáceis de gerir pode facilitar a sua resolução. Esta estratégia envolve a identificação dos elementos-chave ou subproblemas dentro do problema maior e a sua abordagem individual. Ao dividir o problema em partes mais pequenas, os indivíduos podem concentrar a sua atenção na resolução de cada componente sequencialmente, conduzindo a um processo de resolução de problemas mais sistemático e eficiente.

3. Soluções de brainstorming

Depois de o problema ter sido definido e dividido, os indivíduos podem fazer um brainstorming de potenciais soluções ou abordagens para resolver cada componente. O brainstorming incentiva a criatividade e gera uma vasta gama de ideias, independentemente da sua viabilidade ou praticabilidade. Ao explorar várias opções, os indivíduos podem identificar soluções inovadoras e considerar diferentes perspectivas antes de selecionar a abordagem mais adequada.

4. Avaliar alternativas

Depois de gerar potenciais soluções, é essencial avaliar cuidadosamente cada opção para determinar a sua viabilidade, eficácia e potenciais consequências. Isto implica pesar os prós e os contras de cada alternativa, considerando factores como os requisitos de recursos, as restrições de tempo e os riscos potenciais. Ao avaliar as alternativas de forma sistemática, os indivíduos podem tomar decisões informadas e selecionar a solução mais adequada para o problema em questão.

5. Implementar um plano de ação

Uma vez selecionada uma solução, é altura de implementar um plano de ação para executar a abordagem escolhida. Isto pode envolver o desenvolvimento de um plano de ação passo a passo, a atribuição de recursos, a atribuição de responsabilidades e a definição de prazos para a conclusão. Uma implementação eficaz requer uma comunicação clara, coordenação e monitorização do progresso para garantir que a solução escolhida é implementada com sucesso.

6. Monitorizar e ajustar

A resolução de problemas é um processo iterativo que pode exigir uma monitorização e um ajustamento contínuos para alcançar o resultado desejado. É essencial monitorizar a implementação da solução escolhida, acompanhar o progresso e avaliar os resultados em relação a critérios predefinidos. Se necessário, os indivíduos devem estar preparados para fazer ajustes ou modificações no plano com base em novas informações, mudanças de circunstâncias ou desafios inesperados que surjam.

7. Refletir e aprender

Depois de resolver um problema, é importante refletir sobre o processo, avaliar a eficácia da solução escolhida e identificar as lições aprendidas para referência futura. A prática reflexiva permite que os indivíduos adquiram conhecimentos sobre as suas capacidades de resolução de problemas, pontos fortes e áreas a melhorar. Ao aprenderem com as experiências passadas, os indivíduos podem aperfeiçoar as suas estratégias de resolução de problemas, criar resiliência e continuar a crescer e a desenvolver-se como solucionadores de problemas eficazes.

Em conclusão, a resolução eficaz de problemas requer uma combinação de pensamento estratégico, criatividade e perseverança. Aplicando estratégias sistemáticas como a definição do problema, a sua decomposição, o brainstorming de soluções, a avaliação de alternativas, a implementação de um plano de ação, o acompanhamento dos progressos e a reflexão sobre os resultados, os indivíduos podem ultrapassar desafios e atingir os seus objectivos de forma eficaz.

Persistência e paciência na resolução de problemas

A persistência e a paciência são qualidades essenciais que contribuem significativamente para o sucesso na resolução de problemas. Nesta secção, analisamos a forma como estes atributos desempenham um papel crucial na superação de obstáculos, na resolução de desafios e na concretização de objectivos a longo prazo.

1. Persistência na resolução de problemas

A persistência refere-se à capacidade de continuar a esforçar-se para atingir um objetivo, apesar de enfrentar obstáculos, contratempos ou dificuldades ao longo do caminho. Na resolução de problemas, a persistência implica manter uma atitude determinada, concentrar-se na procura de soluções e perseverar nos desafios até o problema estar resolvido.

- **Manter a motivação:** A persistência exige que os indivíduos se mantenham motivados e empenhados em resolver o problema, mesmo quando o progresso parece lento ou os obstáculos parecem intransponíveis. Mantendo-se concentrado no resultado desejado e lembrando-se da importância de resolver o problema, os indivíduos podem manter a sua motivação e vontade.

- **Superar contratempos:** Na resolução de problemas, os contratempos e os fracassos são inevitáveis. No entanto, os indivíduos persistentes encaram os contratempos como oportunidades de aprendizagem e crescimento e não como razões para desistir. Abordam os desafios com resiliência, adaptabilidade e vontade de experimentar abordagens alternativas até encontrarem uma solução.

- **Procurar apoio:** A persistência não significa enfrentar os desafios sozinho. As pessoas persistentes não têm medo de procurar apoio, orientação ou assistência de outros quando necessário. Quer se trate de consultar especialistas, colaborar com colegas ou procurar feedback de mentores, procurar apoio pode proporcionar novas perspectivas e conhecimentos que podem ajudar a ultrapassar obstáculos de forma mais eficaz.

2. Paciência na resolução de problemas

A paciência envolve a capacidade de manter a calma, a compostura e a tolerância face a atrasos, incertezas ou complexidades. Na resolução de problemas, a paciência permite que os indivíduos abordem os desafios com uma mentalidade clara e racional, dediquem tempo a explorar diferentes opções e aguentem o processo até encontrarem uma solução satisfatória.

- **Análise minuciosa:** A paciência incentiva as pessoas a dedicarem tempo a analisar minuciosamente o problema, a reunir informações relevantes e a considerar várias perspectivas antes de tirarem conclusões precipitadas ou de tomarem decisões apressadas. Ao exercer a paciência, os indivíduos podem garantir uma compreensão abrangente do problema e identificar potenciais soluções de forma mais eficaz.

- **Abordagem metódica:** A paciência promove uma abordagem metódica e sistemática à resolução de problemas, em que os indivíduos dão um passo de cada vez, avaliam cuidadosamente cada opção e evitam julgamentos precipitados ou acções impulsivas. Ao proceder de forma ponderada e deliberada, os indivíduos podem minimizar o risco de negligenciar pormenores importantes ou cometer erros dispendiosos.

- **Aceitar a incerteza:** A resolução de problemas implica frequentemente lidar com a incerteza, a ambiguidade e os desafios imprevistos. A paciência permite aos indivíduos tolerar a incerteza e a ambiguidade, aceitar que o progresso pode ser gradual ou não linear e permanecer aberto a oportunidades ou soluções inesperadas que possam surgir ao longo do caminho.

Conclusão

A persistência e a paciência são qualidades indispensáveis que permitem aos indivíduos navegar eficazmente nas complexidades da resolução de problemas. Ao cultivar uma atitude persistente para ultrapassar obstáculos e exercitar a paciência na abordagem dos desafios, os indivíduos podem melhorar as suas capacidades de resolução de problemas, obter melhores resultados e, em última análise, conseguir atingir os seus objectivos. A adoção da persistência e da paciência como componentes integrais da resolução de problemas promove a resiliência, a adaptabilidade e uma mentalidade positiva, permitindo aos indivíduos ultrapassar até os desafios mais formidáveis com determinação e graça.

Encontrar a satisfação nas soluções

Encontrar satisfação nas soluções é um aspeto fundamental da resolução de problemas, uma vez que não só significa a resolução bem sucedida de desafios, como também promove um sentimento de realização e satisfação. Nesta secção, exploramos a importância de encontrar satisfação nas soluções e as estratégias para melhorar este aspeto da resolução de problemas.

1. Reconhecer o sucesso

Uma das principais fontes de satisfação na resolução de problemas é o reconhecimento do sucesso ao encontrar uma solução. Quer se trate da resolução de um problema matemático complexo, da resolução de um conflito num projeto de equipa ou da superação de um obstáculo pessoal, reconhecer e celebrar a resolução bem sucedida de desafios pode aumentar a confiança, a autoestima e a motivação.

- **Reconhecer o progresso:** Reconhecer o progresso incremental e os marcos ao longo da jornada de resolução de problemas é essencial para manter a motivação e o ímpeto. A celebração de pequenas vitórias, como a superação de obstáculos ou o alcance de objectivos intermédios, pode encorajar e reforçar a convicção de que o sucesso é alcançável com perseverança e esforço.
- **Reflexão sobre o sucesso:** Refletir sobre o processo de resolução de problemas e os passos dados para chegar a uma solução pode aumentar a satisfação e aprofundar a compreensão. Ao analisar o que funcionou bem, o que poderia ter sido melhorado e que lições foram aprendidas, os indivíduos podem obter informações valiosas e ganhar confiança nas suas capacidades de resolução de problemas.

2. Criação de valor

Encontrar satisfação nas soluções envolve frequentemente criar valor ou ter um impacto positivo através dos esforços de resolução de problemas. Quer se trate de encontrar soluções inovadoras para os desafios da sociedade, de melhorar a eficiência dos processos organizacionais ou de melhorar a qualidade de vida para si próprio e para os outros, a resolução de problemas torna-se mais significativa quando contribui para um bem maior.

- **Fazer a diferença:** A resolução de problemas que têm implicações no mundo real e benefícios tangíveis pode gerar um profundo sentimento de satisfação e realização. Saber que os nossos esforços fizeram uma diferença positiva na vida dos outros ou contribuíram para resultados significativos pode ser imensamente gratificante e recompensador.

- **Abraçar o objetivo:** Ligar os esforços de resolução de problemas a um sentido de objetivo ou significado mais elevado pode aumentar a satisfação e a motivação. Quando os indivíduos percebem que o seu trabalho está alinhado com os seus valores, paixões ou objectivos a longo prazo, é mais provável que fiquem satisfeitos com as suas soluções e sintam uma sensação de realização nos seus esforços.

3. Melhoria contínua

Encontrar satisfação nas soluções implica um compromisso com a melhoria contínua e a aprendizagem ao longo da vida. Adotar uma mentalidade de crescimento, procurar feedback e lutar pela excelência pode melhorar as competências de resolução de problemas e aprofundar a satisfação com as soluções ao longo do tempo.

- **Abraçar as oportunidades de aprendizagem:** Encarar os desafios e os fracassos como oportunidades de aprendizagem e crescimento pode promover a resiliência e a adaptabilidade na resolução de problemas. Aceitar o feedback, procurar críticas construtivas e estar aberto a novas perspectivas pode acelerar o desenvolvimento pessoal e profissional, conduzindo a uma resolução de problemas mais eficaz e a uma maior satisfação com as soluções.

- **Buscar a excelência: Procurar a** excelência na resolução de problemas implica estabelecer padrões elevados, desafiar-se a ir além do status quo e procurar continuamente melhorar. Ao procurar a excelência, os indivíduos podem ultrapassar os limites das suas capacidades de resolução de problemas, alcançar avanços e ter uma maior sensação de satisfação com as suas soluções.

Conclusão

Encontrar satisfação nas soluções é um aspeto essencial da resolução de problemas que transcende a mera conclusão da tarefa. Ao reconhecer as realizações, criar valor e adotar a melhoria contínua, os indivíduos podem obter maior satisfação e significado dos seus esforços de resolução de problemas. Cultivar uma mentalidade de apreciação, objetivo e excelência pode aumentar a satisfação com as soluções e capacitar os indivíduos para ultrapassarem os desafios com confiança, resiliência e sentido de propósito.

Capítulo 4: A serenidade da geometria

Geometria na Natureza

A geometria, o ramo da matemática que se ocupa das propriedades e relações de pontos, rectas, ângulos, superfícies e sólidos, manifesta-se de forma proeminente no mundo natural. Neste capítulo, exploramos a serenidade e a beleza da geometria tal como aparece na natureza, desde padrões intrincados a estruturas inspiradoras.

1. Padrões na Natureza

A natureza está repleta de padrões geométricos intrincados que reflectem princípios matemáticos subjacentes. Desde a ramificação fractal das árvores até aos arranjos espirais das galáxias, padrões como espirais, fractais, tesselações e simetria são predominantes em várias escalas e domínios. Estes padrões não só cativam o olhar como também desempenham funções essenciais no ecossistema, tais como a maximização da eficiência na distribuição de recursos e na utilização de energia.

2. Simetria nos organismos vivos

A simetria é uma marca de beleza e equilíbrio na natureza, observada nas pétalas simetricamente dispostas das flores, na simetria bilateral dos animais e na simetria radial de organismos como as estrelas-do-mar e as medusas. A simetria reflecte a organização harmoniosa dos organismos vivos e desempenha um papel crucial no seu crescimento, desenvolvimento e sobrevivência. A compreensão dos princípios matemáticos subjacentes à simetria permite-nos apreciar a elegância e a eficiência das formas naturais.

3. Geometria em estruturas naturais

A arquitetura da natureza apresenta uma miríade de formas e estruturas geométricas, desde as células hexagonais dos favos de mel até às formas esféricas de bolhas e gotículas. Os princípios geométricos regem a formação de estruturas naturais, garantindo estabilidade, força e eficiência em diversos ambientes. Quer se trate dos padrões geométricos dos cristais, das formas hexagonais das colmeias de abelhas ou das conchas em espiral dos caracóis, os desenhos da natureza são um testemunho da elegância matemática e do engenho encontrados no mundo natural.

4. Fractais em fenómenos naturais

Os fractais, padrões geométricos auto-repetitivos caracterizados por detalhes intrincados a todas as escalas, são abundantes na natureza. Desde os padrões de ramificação dos rios e vasos sanguíneos até à linha costeira irregular de uma costa, os fractais manifestam-se em diversos fenómenos. Os fractais incorporam o conceito de auto-similaridade, em que os padrões se repetem infinitamente a diferentes escalas, revelando a infinita complexidade e beleza das formas naturais.

5. Aplicações da Geometria em Ecologia e Conservação

A compreensão dos princípios geométricos na natureza tem aplicações práticas na ecologia, conservação e gestão ambiental. Conceitos geométricos como a distribuição espacial, a fragmentação do habitat e a geometria fractal são utilizados para analisar padrões ecológicos, modelar a distribuição das espécies e conceber estratégias de conservação da biodiversidade. Ao aplicar os princípios geométricos à investigação ecológica e aos esforços de conservação, os cientistas podem obter informações sobre a estrutura e a dinâmica dos ecossistemas e desenvolver estratégias eficazes para preservar a biodiversidade e a saúde dos ecossistemas.

Conclusão

A geometria permeia todos os aspectos do mundo natural, desde os mais pequenos padrões nas folhas até à grandeza dos corpos celestes. Ao reconhecer a serenidade e a beleza da geometria na natureza, ganhamos uma apreciação mais profunda da interligação entre a matemática e o mundo natural. A geometria não só fornece uma estrutura para compreender a estrutura e a organização das formas naturais, como também inspira admiração e espanto pelos padrões e formas intrincados que nos rodeiam. Ao apreciar a serenidade da geometria na natureza, vislumbramos a profunda harmonia e elegância do universo.

Geometria Sagrada

A geometria sagrada é um termo que se refere à crença nos princípios matemáticos inerentes e nas formas geométricas que estão na base da criação do universo e que têm um significado espiritual em todas as culturas e civilizações. Nesta secção, exploramos o conceito de geometria sagrada, as suas origens históricas, os seus significados simbólicos e a sua influência em vários aspectos da cultura e da espiritualidade.

1. Origens históricas

O conceito de geometria sagrada tem raízes antigas, que remontam às civilizações do antigo Egipto, Grécia, Índia e Mesopotâmia. Estas culturas acreditavam que certas formas e proporções geométricas tinham um significado sagrado e estavam imbuídas de qualidades espirituais ou místicas. Por exemplo, os egípcios veneravam as pirâmides como estruturas sagradas que incorporavam proporções divinas e harmonia cósmica, enquanto os gregos exploravam os princípios matemáticos de proporção e simetria nos seus desenhos arquitectónicos e ensinamentos filosóficos.

2. Significados simbólicos

A geometria sagrada engloba uma vasta gama de formas e símbolos geométricos, cada um com os seus próprios significados e associações simbólicas. Alguns dos símbolos mais comummente reconhecidos incluem:

- **O Círculo:** Simbolizando a unidade, a totalidade e o infinito, o círculo representa o eterno ciclo de vida, morte e renascimento.
- **O Triângulo:** Representando o equilíbrio, a harmonia e a trindade divina, os triângulos são encontrados em muitas tradições espirituais como símbolos de ascensão espiritual e iluminação.
- **A Flor da Vida:** Um padrão geométrico composto por círculos sobrepostos, a Flor da Vida simboliza a interconexão de todos os seres vivos e a unidade subjacente da criação.
- **A Vesica Piscis:** Formada pela intersecção de dois círculos de igual raio, a Vesica Piscis simboliza a união dos opostos, o divino feminino e o poder criador do universo.

3. Práticas espirituais e rituais

A geometria sagrada é frequentemente integrada em práticas espirituais, rituais e cerimónias como forma de invocar energias divinas, aceder a estados de consciência mais elevados e facilitar a transformação espiritual. Práticas como a meditação, a visualização e a criação de mandalas utilizam símbolos e padrões geométricos para concentrar a mente, induzir estados alterados de consciência e ligar-se ao divino.

4. Expressão arquitetónica e artística

A geometria sagrada também deixou a sua marca na arquitetura, arte e design, com muitas estruturas sagradas e obras de arte a incorporarem formas e proporções geométricas para transmitir mensagens espirituais e evocar experiências transcendentes. Os exemplos incluem os intrincados padrões geométricos que adornam as mesquitas islâmicas, os desenhos geometricamente precisos das catedrais góticas e as proporções harmoniosas das pinturas e esculturas renascentistas.

5. Interpretações modernas

Nos tempos modernos, a geometria sagrada continua a inspirar artistas, arquitectos, filósofos e buscadores espirituais que exploram os seus princípios para o crescimento pessoal, a expressão criativa e a investigação espiritual. O estudo da geometria sagrada também encontrou aplicações em áreas como a matemática, a física e a biologia, onde os investigadores investigam os padrões geométricos subjacentes e as estruturas do mundo natural.

Conclusão

A geometria sagrada representa uma síntese profunda da matemática, da arte e da espiritualidade, oferecendo uma janela para os mistérios do universo e para a interconexão de todas as coisas. Quer seja expressa através de símbolos antigos, maravilhas arquitectónicas ou obras de arte contemporâneas, a geometria sagrada convida-nos a contemplar a beleza, a ordem e a harmonia que permeiam o cosmos. Ao explorar os princípios da geometria sagrada, aprofundamos a nossa compreensão da unidade subjacente da existência e do nosso lugar na vasta tapeçaria da criação.

Visualização e meditação

A visualização e a meditação são técnicas poderosas que aproveitam a capacidade da mente para criar imagens mentais e cultivar a paz interior, a concentração e o bem-estar. Nesta secção, exploramos os conceitos de visualização e meditação, os seus benefícios e como podem ser praticados para promover o relaxamento, a clareza e o crescimento pessoal.

1. Compreender a visualização

A visualização é uma prática mental que envolve a criação de imagens mentais vívidas ou cenários no olho da mente. Envolve a imaginação para evocar experiências sensoriais, emoções e sensações como se fossem reais. As técnicas de visualização envolvem frequentemente imagens guiadas, em que os indivíduos são conduzidos através de uma série de imagens mentais ou cenários concebidos para promover o relaxamento, reduzir o stress ou atingir objectivos específicos.

- **Benefícios da visualização:** A visualização tem demonstrado ter inúmeros benefícios para o bem-estar mental, emocional e físico. Pode reduzir o stress, a ansiedade e as emoções negativas, promovendo o relaxamento e induzindo um estado de calma. As técnicas de visualização também podem aumentar a auto-confiança, a motivação e a realização de objectivos, ensaiando mentalmente os resultados desejados e reforçando as crenças e atitudes positivas.

2. Explorar a meditação

A meditação é uma prática que envolve o treino da mente para atingir um estado de atenção concentrada, atenção plena e tranquilidade interior. Engloba uma variedade de técnicas e tradições, incluindo a meditação da atenção plena, a meditação da concentração, a meditação da bondade amorosa e a meditação transcendental. As práticas de meditação envolvem frequentemente técnicas como a consciencialização da respiração, o rastreio do corpo, a repetição de mantras e a atenção aos pensamentos e emoções.

- **Benefícios da meditação:** A meditação tem sido amplamente estudada e tem-se verificado que tem inúmeros benefícios para a saúde mental, emocional e física. A prática regular da meditação pode reduzir o stress, melhorar a concentração, aumentar a regulação emocional e promover o bem-estar geral. Também tem sido associada a alterações positivas na estrutura e função do cérebro, incluindo o aumento da densidade da massa cinzenta em áreas relacionadas com a memória, a aprendizagem e a regulação emocional.

3. Combinar a visualização e a meditação

A visualização e a meditação podem ser praticadas separadamente ou combinadas para ampliar os seus benefícios e aprofundar a experiência meditativa. A meditação de visualização envolve a utilização de imagens mentais para melhorar o processo meditativo, como visualizar uma cena pacífica, concentrar-se numa intenção ou objetivo específico ou imaginar-se num estado de relaxamento e bem-estar. A combinação da visualização com a meditação pode melhorar a concentração, aprofundar o relaxamento e cultivar uma maior sensação de paz e clareza interiores.

- **Meditações de visualização guiada:** As meditações de visualização guiada são uma forma popular de meditação que combina técnicas de visualização com instrução guiada. Nas meditações de visualização guiada, os indivíduos são conduzidos através de uma série de imagens mentais ou cenários por um guia de meditação ou instrutor, permitindo-lhes relaxar profundamente, concentrar a sua atenção e aceder a recursos internos para a cura, crescimento e auto-descoberta.

4. Praticar a visualização e a meditação

Praticar a visualização e a meditação requer consistência, paciência e uma mente aberta. Os principiantes podem começar com práticas curtas e simples e aumentar gradualmente a duração e a complexidade à medida que se sentem mais à vontade com as técnicas. É importante encontrar um espaço calmo e confortável para praticar e abordar a prática com uma atitude sem julgamentos, permitindo que os pensamentos e as emoções surjam sem apego ou resistência.

- **Incorporar a visualização e a meditação na vida quotidiana:** A visualização e a meditação podem ser integradas nas rotinas diárias como uma forma de autocuidado, gestão do stress e desenvolvimento pessoal. Quer sejam praticadas de manhã para começar o dia com clareza e intenção, durante as pausas para recarregar e concentrar-se, ou à noite para descontrair e relaxar, a visualização e a meditação oferecem ferramentas valiosas para promover o bem-estar e melhorar a qualidade de vida.

Conclusão

A visualização e a meditação são práticas poderosas que oferecem inúmeros benefícios para o bem-estar mental, emocional e físico. Quer sejam praticadas separadamente ou combinadas, estas técnicas fornecem ferramentas eficazes para reduzir o stress, aumentar o relaxamento, melhorar a concentração e promover o crescimento pessoal. Ao incorporar a visualização e a meditação na vida quotidiana, os indivíduos podem cultivar a paz interior, a clareza e a resiliência, conduzindo a uma maior sensação de equilíbrio, harmonia e realização.

A geometria como caminho para a compreensão

A geometria, o ramo da matemática que se ocupa das propriedades, medidas e relações das figuras e espaços geométricos, oferece um caminho único para a compreensão do mundo que nos rodeia. Nesta secção, exploramos a forma como a geometria serve como uma lente através da qual podemos perceber, analisar e interpretar a ordem e a estrutura subjacentes do universo.

1. Analisar formas e formatos

A geometria fornece uma estrutura para analisar as formas e estruturas que povoam a nossa realidade física. Ao estudar figuras geométricas como pontos, rectas, ângulos, polígonos e sólidos, ficamos a conhecer as suas propriedades, simetrias e relações espaciais. Quer seja a simetria de um floco de neve, a curvatura de uma onda ou os ângulos de um cristal, a geometria permite-nos discernir padrões e ordem na diversidade das formas naturais.

2. Compreender os padrões e a simetria

Os padrões e a simetria são conceitos fundamentais da geometria que permeiam o mundo natural. Desde as espirais das galáxias até à ramificação fractal das árvores, os padrões e as simetrias manifestam-se a todas as escalas e domínios da existência. A geometria fornece uma linguagem para descrever estes padrões e simetrias, revelando a ordem e a harmonia subjacentes que governam o universo.

- **Fractais:** Os fractais são padrões geométricos que se auto-repetem, caracterizados por detalhes intrincados em todas as escalas. Aparecem em fenómenos naturais como as linhas costeiras, as nuvens e as folhas de fetos, reflectindo a complexidade infinita e a auto-similaridade do mundo natural.

- **Simetria:** A simetria é um princípio fundamental da geometria que descreve a disposição equilibrada de partes em torno de um eixo ou ponto central. A simetria é evidente na simetria bilateral dos animais, na simetria radial das flores e na simetria geométrica dos cristais, reflectindo a harmonia e a beleza inerentes às formas naturais.

3. Explorar as relações espaciais

A geometria permite-nos explorar relações e dimensões espaciais para além da nossa perceção imediata. Através de conceitos como dimensionalidade, congruência, semelhança e transformação, podemos analisar as propriedades geométricas dos objectos em diferentes dimensões e espaços. Quer se trate de compreender a geometria de formas de dimensões superiores ou de visualizar a curvatura do espaço-tempo, a geometria fornece uma ferramenta para concetualizar e explorar os mistérios do cosmos.

4. Aplicação da geometria a problemas práticos

A geometria tem aplicações práticas em vários domínios, incluindo a arquitetura, a engenharia, a física e a informática. Ao aplicar princípios geométricos a problemas do mundo real, podemos conceber estruturas, analisar relações espaciais e resolver problemas práticos de forma eficiente e precisa. Quer seja na conceção de edifícios com proporções óptimas, na modelação da trajetória de uma nave espacial ou no desenvolvimento de algoritmos para computação gráfica, a geometria desempenha um papel vital na formação da nossa compreensão do mundo e no avanço do conhecimento humano e da tecnologia.

Conclusão

A geometria oferece um caminho multifacetado para a compreensão do mundo que nos rodeia, desde a análise de formas e feitios até ao discernimento de padrões e simetrias, à exploração de relações espaciais e à resolução de problemas práticos. Ao estudar os princípios geométricos, obtemos conhecimentos sobre a ordem e a estrutura subjacentes do universo, revelando a beleza, a harmonia e a complexidade inerentes ao mundo natural. Sendo uma disciplina intemporal, a geometria continua a inspirar o espanto, a curiosidade e a exploração, convidando-nos a aprofundar os mistérios da existência e a desvendar os segredos do cosmos.

Capítulo 5: Meditação matemática

Práticas de atenção plena com números

Neste capítulo, exploramos o conceito de meditação matemática, que envolve a utilização de números e conceitos matemáticos como pontos focais para práticas de atenção plena. Ao envolverem-se com os números de uma forma consciente, os indivíduos podem cultivar a consciência do momento presente, a concentração e a clareza mental, levando a uma compreensão mais profunda dos princípios matemáticos e a um maior bem-estar geral.

1. Práticas numéricas de atenção plena

As práticas de atenção plena numérica envolvem a utilização de números como âncoras para cultivar a atenção plena e a consciência. Estas práticas podem variar desde simples exercícios de contagem até contemplações mais complexas que envolvem conceitos matemáticos como sequências, padrões e relações. Ao focar a atenção nos números e nas operações numéricas, os indivíduos podem aquietar a mente, aumentar a concentração e desenvolver uma perceção da natureza da realidade matemática.

2. Meditação de contagem

A meditação de contagem é uma prática fundamental de atenção plena que envolve a contagem de respirações, repetições ou objectos como forma de ancorar a consciência no momento presente. Ao contar sequencialmente de um a um número pré-determinado e depois recomeçar, os indivíduos podem treinar a sua atenção e cultivar uma sensação de calma interior e concentração. A meditação de contagem pode ser praticada em vários contextos, como durante a meditação sentada, a meditação a pé ou as actividades diárias.

3. Explorando padrões matemáticos

Os padrões matemáticos oferecem ricas oportunidades para a exploração da atenção plena, uma vez que revelam a ordem e a simetria subjacentes no mundo dos números. Ao observar e contemplar padrões como as sequências de Fibonacci, as progressões geométricas ou os números primos, os indivíduos podem aprofundar o seu apreço pela elegância e beleza das estruturas matemáticas. A exploração de padrões matemáticos com uma atitude consciente incentiva a curiosidade, o espanto e um sentido de interligação com o universo matemático.

4. Visualização de conceitos matemáticos

As técnicas de visualização podem melhorar a meditação matemática ao envolver a imaginação e criar imagens mentais de conceitos matemáticos abstractos. Os exercícios de visualização podem envolver a representação de formas geométricas, a visualização de equações matemáticas ou a manipulação mental de padrões numéricos. Ao aproveitar o poder da visualização, os indivíduos podem aprofundar a sua compreensão dos conceitos matemáticos e desenvolver uma compreensão mais intuitiva dos princípios matemáticos.

5. Contemplação reflexiva

A contemplação reflexiva envolve a contemplação de conceitos matemáticos e das suas implicações para o crescimento pessoal e a auto-consciência. Ao refletir sobre os significados simbólicos dos números, ao explorar metáforas matemáticas ou ao contemplar as implicações filosóficas das verdades matemáticas, os indivíduos podem adquirir conhecimentos sobre a natureza da realidade e da experiência humana. A contemplação reflexiva promove a curiosidade intelectual, o discernimento emocional e o crescimento espiritual, levando a uma apreciação mais profunda da interligação entre a matemática e a consciência.

Conclusão

A meditação matemática oferece um caminho único para a atenção plena, combinando a precisão e a lógica da matemática com a introspeção e a consciência da meditação. Ao envolverem-se com números e conceitos matemáticos de uma forma consciente, os indivíduos podem desenvolver a concentração, a clareza e o discernimento, levando a uma compreensão mais profunda dos princípios matemáticos e a uma ligação mais profunda ao universo matemático. A meditação matemática convida-nos a explorar a beleza e o mistério dos números, revelando as profundezas infinitas do reino matemático e o potencial ilimitado da mente humana.

Técnicas de meditação

A meditação engloba uma variedade de práticas destinadas a cultivar a atenção plena, o relaxamento e a paz interior. Nesta secção, exploramos diferentes técnicas de meditação que as pessoas podem incorporar nas suas rotinas diárias para promover o bem-estar mental, emocional e físico.

1. Meditação Mindfulness

A meditação mindfulness envolve prestar atenção ao momento presente com abertura, curiosidade e aceitação. Os praticantes concentram a sua atenção na respiração, nas sensações corporais, nos pensamentos e nas emoções, sem os julgar. Ao observar o fluxo de sensações e pensamentos sem se deixar apanhar por eles, os indivíduos desenvolvem maior clareza, presença e equanimidade.

2. Meditação de concentração

A meditação de concentração envolve a concentração da atenção num único ponto de foco, como a respiração, um mantra ou um objeto visual. Os praticantes cultivam a concentração e a estabilidade mental, redireccionando a atenção para o objeto escolhido sempre que a mente divaga. A meditação de concentração aumenta a concentração, reduz as distracções e promove uma sensação de calma interior e de centralização.

3. Meditação da bondade amorosa

A meditação da bondade amorosa, também conhecida como meditação Metta, envolve o cultivo de sentimentos de amor, compaixão e boa vontade para consigo próprio e para com os outros. Os praticantes repetem silenciosamente frases de bondade amorosa, tais como "Que eu seja feliz, que eu seja saudável, que eu esteja seguro, que eu esteja à vontade", estendendo estes desejos a si próprio, aos seus entes queridos, a indivíduos neutros e até a pessoas difíceis. A meditação da bondade amorosa fomenta a empatia, a ligação e a resiliência emocional, melhorando as relações interpessoais e promovendo o bem-estar emocional.

4. Meditação de varrimento corporal

A meditação de varrimento corporal consiste em varrer sistematicamente o corpo da cabeça aos pés, tomando consciência de cada parte do corpo e observando quaisquer sensações ou tensões sem julgamento. Os praticantes cultivam uma consciência não reactiva das sensações corporais, promovendo o relaxamento, o alívio do stress e o bem-estar físico. A meditação de varrimento corporal também pode ajudar os indivíduos a desenvolver um maior sentido de presença incorporada e de ligação ao seu eu físico.

5. Meditação a pé

A meditação ao caminhar envolve trazer a consciência consciente para o ato de caminhar, concentrando-se nas sensações de movimento, no contacto dos pés com o chão e no ritmo da respiração. Os praticantes caminham lenta e deliberadamente, prestando atenção a cada passo e observando as vistas, os sons e as sensações do momento presente. A meditação andando pode ser praticada dentro de casa ou ao ar livre e oferece uma oportunidade de cultivar a atenção plena em movimento, promovendo o relaxamento, a redução do stress e a clareza mental.

6. Meditação de visualização

A meditação de visualização envolve a criação de imagens mentais ou cenários no olho da mente, utilizando o poder da imaginação para evocar emoções, sensações ou experiências específicas. Os praticantes visualizam cenas de relaxamento, cura ou sucesso, envolvendo todos os sentidos para tornar a experiência tão vívida e envolvente quanto possível. A meditação de visualização pode melhorar o relaxamento, aumentar a confiança e promover uma mentalidade positiva, tornando-a uma ferramenta valiosa para o crescimento pessoal e o auto-aperfeiçoamento.

7. Meditação Mantra

A meditação com mantras envolve a repetição de uma palavra, frase ou som (mantra) em silêncio ou em voz alta, concentrando a atenção e acalmando a mente. Os mantras podem ser frases tradicionais em sânscrito, como "Om", ou afirmações simples na língua materna. Ao repetir o mantra com intenção e atenção, os praticantes cultivam uma sensação de paz interior, clareza e centralidade, transcendendo as distracções e ligando-se a um estado de consciência mais profundo.

Conclusão

As técnicas de meditação oferecem diversos caminhos para a paz interior, o relaxamento e a auto-consciência. Quer seja através da atenção plena, da concentração, da bondade amorosa, do exame corporal, da caminhada, da visualização ou da meditação com mantras, os indivíduos podem encontrar uma prática que se adeqúe às suas preferências e necessidades únicas. Ao incorporar a meditação nas suas rotinas diárias, os indivíduos podem cultivar a clareza mental, a resiliência emocional e o bem-estar geral, conduzindo a um sentido mais profundo de harmonia e realização na vida.

Afirmações numéricas

As afirmações numéricas são afirmações ou declarações positivas que são expressas através de números ou sequências numéricas. Estas afirmações aproveitam o poder dos números para incutir confiança, motivação e uma sensação de poder nos indivíduos. Nesta secção, vamos aprofundar o conceito de afirmações numéricas, como funcionam e como podem ser aplicadas para promover o crescimento pessoal e o bem-estar.

1. Compreender as afirmações numéricas

As afirmações numéricas baseiam-se na crença de que os números têm significados simbólicos e vibrações que podem influenciar os nossos pensamentos, emoções e comportamentos. Cada número está associado a qualidades, atributos e energias específicas que podem ser invocadas através de afirmações. Ao combinar afirmações positivas com números significativos ou sequências numéricas, os indivíduos podem ampliar o impacto das suas afirmações e alinhá-las com as suas intenções e objectivos.

2. Exemplos de afirmações numéricas

As afirmações numéricas podem assumir várias formas, consoante o resultado ou a intenção pretendidos. Alguns exemplos incluem:

- **111:** "Estou alinhado com o meu objetivo e no caminho do sucesso."
- **222:** "Estou rodeado de amor, apoio e abundância".
- **333:** "Confio na sabedoria do universo e aproveito as oportunidades de crescimento."
- **444:** "Estou assente no chão, estável e apoiado pela energia da terra."
- **555:** "Estou aberto à mudança e pronto para abraçar novas possibilidades."
- **666:** "Eu liberto o medo e abraço a harmonia, o equilíbrio e a paz interior."
- **777:** "Estou ligado ao divino e guiado pela intuição e sabedoria interior."
- **888:** "Eu sou próspero, abundante e merecedor de riqueza e sucesso".
- **999:** "Liberto-me do passado e dou as boas-vindas à transformação, à cura e à renovação."

Estas afirmações numéricas podem ser adaptadas a áreas específicas da vida, como as relações, a carreira, a saúde ou o desenvolvimento pessoal, e repetidas regularmente para reforçar as crenças e intenções positivas.

3. Utilização de afirmações numéricas na prática

Para utilizar eficazmente as afirmações numéricas, as pessoas podem seguir estes passos:

- **Defina uma Intenção:** Esclareça o resultado desejado ou a intenção que deseja manifestar através da afirmação.
- **Escolha uma sequência numérica:** Seleccione uma sequência numérica que esteja de acordo com a sua intenção e objectivos.
- **Crie afirmações:** Formule afirmações positivas que reflictam a sua intenção e incorporem a sequência numérica escolhida.
- **Repetir regularmente:** Repita as afirmações regularmente, de preferência diariamente, para reforçar as crenças positivas e alinhar-se com os resultados desejados.

- **Visualize:** Visualize-se a encarnar as qualidades e experiências descritas nas afirmações, permitindo-se sentir as emoções associadas a elas.

Ao incorporar afirmações numéricas na prática diária, os indivíduos podem reprogramar a sua mente subconsciente, ultrapassar crenças limitadoras e criar uma mentalidade positiva conducente à realização dos seus objectivos e aspirações.

Conclusão

As afirmações numéricas oferecem uma ferramenta poderosa para o crescimento pessoal, a capacitação e a manifestação. Ao combinar afirmações positivas com números significativos ou sequências numéricas, os indivíduos podem aproveitar a energia vibracional dos números para amplificar as suas intenções e alinhar-se com os resultados desejados. Quer sejam utilizadas para cultivar a confiança, atrair abundância ou promover a paz interior, as afirmações numéricas fornecem um método simples mas eficaz para transformar crenças, pensamentos e comportamentos, conduzindo a uma maior realização e sucesso na vida.

Integrar a matemática nas rotinas diárias de atenção plena

A integração da matemática nas rotinas diárias de atenção plena envolve a incorporação de conceitos, actividades ou práticas matemáticas nas actividades diárias para promover a atenção plena, o envolvimento cognitivo e a clareza mental. Nesta secção, exploramos várias formas de integrar a matemática nas rotinas diárias de atenção plena e os benefícios de o fazer.

1. Exercícios de matemática consciente

Os exercícios de matemática conscientes envolvem a realização de actividades matemáticas com atenção concentrada e consciência do momento presente. Estes exercícios podem incluir cálculos mentais, puzzles geométricos, Sudoku ou jogos matemáticos que exijam concentração e capacidade de resolução de problemas. Ao mergulhar em tarefas matemáticas com atenção plena, os indivíduos podem aperfeiçoar as capacidades cognitivas, aumentar a agilidade mental e cultivar uma apreciação mais profunda da beleza e elegância da matemática.

2. Meditação numérica

A meditação numérica envolve a utilização de números ou sequências numéricas como pontos focais para práticas de atenção plena. Os indivíduos podem concentrar a sua atenção na contagem das respirações, na repetição de afirmações numéricas ou na visualização de formas e padrões geométricos. Ao dirigir a atenção para fenómenos numéricos, os indivíduos podem ancorar a sua atenção no momento presente, acalmar a mente e cultivar uma sensação de paz e clareza interiores.

3. Contemplação matemática

A contemplação matemática envolve a reflexão sobre conceitos, princípios ou problemas matemáticos com consciência. Os indivíduos podem contemplar a simetria das formas geométricas, refletir sobre o significado dos padrões numéricos ou explorar a elegância das provas matemáticas. Ao envolver-se na investigação contemplativa, os indivíduos podem aprofundar a sua compreensão dos fenómenos matemáticos, estimular ideias criativas e desenvolver um sentido de admiração e curiosidade sobre o universo matemático.

4. Consciência matemática quotidiana

A consciência matemática quotidiana envolve chamar a atenção para os aspectos matemáticos da vida diária, como o tempo, as medidas, os padrões e as proporções. Os indivíduos podem reparar no ritmo da sua respiração, estimar distâncias ou quantidades, ou observar formas geométricas no seu ambiente. Ao cultivar a atenção nos fenómenos matemáticos do dia a dia, os indivíduos podem desenvolver uma ligação mais profunda com as dimensões matemáticas da realidade e melhorar a sua capacidade de perceber a ordem e a estrutura do mundo.

5. Diário de Matemática

A escrita de um diário de matemática envolve o registo de reflexões, ideias ou observações matemáticas num diário ou caderno. Os indivíduos podem documentar as suas experiências matemáticas, as percepções obtidas a partir de exercícios de matemática conscientes, ou reflexões sobre conceitos matemáticos encontrados na vida quotidiana. Ao escrever um diário sobre matemática com consciência, os indivíduos podem aprofundar o seu envolvimento com ideias matemáticas, acompanhar o seu progresso e cultivar um sentimento de gratidão e apreço pelo papel da matemática nas suas vidas.

Benefícios da integração da matemática nas rotinas diárias de atenção plena

- **Melhoria da função cognitiva:** A prática de exercícios matemáticos conscientes estimula os processos cognitivos, como a atenção, a memória e a resolução de problemas, conduzindo a uma melhoria da função cognitiva e da acuidade mental.
- **Redução do stress:** O envolvimento consciente com a matemática promove o relaxamento, a redução do stress e o bem-estar emocional, desviando a atenção das preocupações e dos problemas e concentrando-a no momento presente.
- **Aumento do foco e da concentração:** Integrar a matemática nas rotinas de mindfulness cultiva a capacidade de manter a atenção, resistir a distracções e manter o foco em tarefas matemáticas, levando a uma maior eficiência e produtividade.
- **Apreciação mais profunda da matemática:** Ao abordar a matemática com atenção e consciência, os indivíduos desenvolvem uma apreciação mais profunda da elegância, beleza e relevância da matemática nas suas vidas, levando a uma atitude mais positiva em relação à disciplina.
- **Integração da atenção plena na vida quotidiana: A** incorporação da matemática nas rotinas de atenção plena proporciona uma forma prática de integrar a atenção plena nas actividades e rotinas diárias, promovendo uma abordagem holística do bem-estar e do desenvolvimento pessoal.

Conclusão

Integrar a matemática nas rotinas diárias de atenção plena oferece um meio poderoso de melhorar a função cognitiva, reduzir o stress e aprofundar o apreço pela beleza e relevância da matemática na vida quotidiana. Quer seja através de exercícios de matemática com atenção plena, meditação numérica, contemplação matemática, consciência matemática quotidiana ou registo em diário de matemática, os indivíduos podem cultivar a atenção plena, a clareza mental e uma compreensão mais profunda das dimensões matemáticas da realidade. Ao integrar a matemática nas rotinas de atenção plena, os indivíduos podem aproveitar o poder transformador da matemática para promover o bem-estar, a criatividade e o crescimento pessoal.

Conclusão: Reflexão sobre a viagem

Ao chegarmos ao fim da nossa exploração da atenção plena em matemática, é altura de refletir sobre a viagem em que embarcámos e sobre os conhecimentos adquiridos ao longo do caminho. Nesta secção final, resumimos os principais temas e conclusões da nossa exploração e apresentamos algumas reflexões finais sobre o potencial transformador da atenção plena em matemática.

1. Abraçar a beleza da matemática

Ao longo desta viagem, testemunhámos a beleza, a elegância e a harmonia inerentes à matemática. Desde a simetria das formas geométricas até aos padrões das sequências numéricas, a matemática revela a ordem e a estrutura subjacentes do universo. Ao cultivar a atenção e a consciência, aprendemos a apreciar a profunda interligação da matemática com o mundo natural e com a nossa vida quotidiana.

2. Encontrar a calma no caos através dos números

A atenção matemática mostrou-nos como os números e os conceitos matemáticos podem servir de âncoras para cultivar a paz interior, a clareza e a resiliência no meio do caos e da incerteza da vida. Através de práticas como a meditação numérica, os exercícios de matemática consciente e a contemplação matemática, descobrimos o poder da matemática para acalmar a mente, reduzir o stress e promover uma sensação de equilíbrio e equilíbrio.

3. Cultivar a atenção plena na vida quotidiana

A integração da matemática nas rotinas diárias de atenção plena forneceu-nos ferramentas práticas para cultivar a atenção plena e a presença em cada momento. Quer seja através da matemática consciente

exercícios, afirmações numéricas ou consciência matemática quotidiana, aprendemos a infundir as nossas actividades diárias com consciência consciente, conduzindo a uma maior clareza, concentração e bem-estar.

4. Promover o crescimento pessoal e o bem-estar

A atenção plena em matemática não só enriqueceu a nossa compreensão da matemática, como também facilitou o crescimento pessoal e o bem-estar. Ao abordar a matemática com atenção e curiosidade, expandimos as nossas capacidades cognitivas, aperfeiçoámos as nossas competências de resolução de problemas e aprofundámos o nosso apreço pela beleza e relevância da matemática nas nossas vidas.

5. Abraçar a viagem que se avizinha

Ao concluirmos a nossa exploração da atenção plena em matemática, levemos para as nossas vidas as lições aprendidas e os conhecimentos adquiridos. Continuemos a cultivar a atenção plena, a curiosidade e a gratidão na nossa relação com a matemática e com o mundo que nos rodeia. E lembremo-nos que a viagem da atenção matemática não é um destino, mas um desenrolar contínuo de descoberta, crescimento e transformação.

Para terminar, que possamos abraçar a beleza da matemática, encontrar a calma no caos através dos números, cultivar a atenção plena na vida quotidiana e alimentar o nosso crescimento pessoal e bem-estar com a atenção matemática. E que a nossa viagem continue a inspirar espanto, curiosidade e uma apreciação mais profunda das infinitas possibilidades que a matemática oferece para enriquecer as nossas vidas e o nosso mundo.

Adotar a atenção matemática na vida quotidiana

A incorporação da atenção matemática na vida quotidiana envolve a integração de princípios, práticas e perspectivas matemáticas nas nossas experiências diárias para promover a presença, a clareza e o bem-estar. Nesta secção, exploramos formas práticas de incorporar a atenção matemática em vários aspectos da vida quotidiana e os benefícios que pode trazer.

1. Observações numéricas atentas

Pratique a atenção plena prestando atenção aos fenómenos numéricos à sua volta. Repare nos padrões da natureza, como a simetria das pétalas das flores ou a sequência de Fibonacci numa pinha. Observe sequências numéricas em objectos do quotidiano, como moradas de ruas, números de telefone ou matrículas de automóveis. Ao cultivar a consciência dos padrões numéricos, podemos aprofundar a nossa ligação à beleza matemática inerente ao mundo que nos rodeia.

2. Matemática consciente nas actividades diárias

Realize as suas actividades diárias com consciência da matemática envolvida. Quer se trate de medir ingredientes enquanto cozinha, calcular distâncias enquanto caminha ou conduz, ou fazer um orçamento de despesas, aborde cada tarefa com atenção e intenção. Ao aplicar a atenção matemática às actividades diárias, podemos melhorar a nossa fluência numérica, as nossas capacidades de resolução de problemas e a nossa eficiência na gestão de tarefas.

3. Reflexão e contemplação numérica

Reserve algum tempo para refletir sobre os aspectos numéricos da sua vida e contemplar o seu significado. Considere o significado de números importantes, como aniversários ou datas comemorativas, e reflicta sobre os padrões numéricos que surgem nas suas rotinas diárias. Ao contemplar as dimensões numéricas das nossas vidas, obtemos uma visão dos nossos valores, prioridades e aspirações, promovendo uma compreensão mais profunda de nós próprios e das nossas experiências.

4. Práticas matemáticas conscientes com a tecnologia

Utilizar a tecnologia de forma consciente para se envolver com a matemática e os conceitos numéricos. Explorar aplicações matemáticas, jogos ou sítios Web que promovam a fluência numérica, a resolução de problemas e a criatividade. Pratique a atenção digital estabelecendo limites para o tempo de ecrã e fazendo pausas para refletir sobre os padrões e relações numéricas que encontra. Se utilizarmos a tecnologia de forma consciente, podemos tirar partido do seu poder para melhorar as nossas competências e conhecimentos matemáticos.

5. Comunicação matemática consciente

Comunicar sobre matemática e conceitos numéricos com clareza, precisão e empatia. Quer seja a explicar conceitos matemáticos aos outros, a colaborar em tarefas de resolução de problemas ou a discutir dados numéricos e tendências, esforce-se por comunicar de forma consciente e eficaz. Ao cultivar uma comunicação matemática consciente, fomentamos a compreensão, a colaboração e a ligação com os outros, enriquecendo as nossas experiências e relações matemáticas.

Benefícios da atenção matemática na vida quotidiana

- **Aumento da fluência numérica:** O envolvimento consciente com a matemática na vida quotidiana aumenta a fluência numérica, as capacidades de resolução de problemas e a confiança na matemática.
- **Melhoria da função cognitiva:** A prática de mindfulness matemática promove capacidades cognitivas como a atenção, a memória e o raciocínio, levando a uma maior clareza mental e agilidade.
- **Redução do stress:** O envolvimento consciente com a matemática promove o relaxamento, a redução do stress e o bem-estar emocional, desviando a atenção das preocupações e dos problemas.
- **Apreciação mais profunda da matemática:** Abraçar a atenção matemática cultiva uma apreciação mais profunda pela beleza, relevância e significado da matemática nas nossas vidas e no mundo que nos rodeia.
- **Integração da atenção plena na rotina diária:** A incorporação da atenção matemática na vida quotidiana oferece uma forma prática de integrar a atenção nas actividades e rotinas diárias, promovendo o bem-estar holístico e o crescimento pessoal.

Conclusão

Abraçar a atenção matemática na vida quotidiana oferece um caminho transformador para uma maior presença, clareza e bem-estar. Ao incorporar princípios, práticas e perspectivas matemáticas nas nossas experiências quotidianas, aprofundamos a nossa ligação à beleza e ao significado da matemática e enriquecemos as nossas vidas com atenção plena e consciência numérica. À medida que integramos a atenção matemática na vida quotidiana, podemos encontrar alegria, inspiração e poder nas infinitas possibilidades que a matemática oferece para melhorar a nossa compreensão de nós próprios, do nosso mundo e da interligação de todas as coisas.

Encontrar a calma no caos através dos números

No meio do caos e da incerteza da vida, os números podem servir como âncoras firmes, proporcionando uma sensação de ordem, estrutura e estabilidade. Nesta secção, exploramos a forma como a adoção consciente dos números nos pode ajudar a encontrar a calma no meio do caos e a promover a paz interior e a resiliência.

1. Práticas de meditação numérica

Pratique a meditação numérica para acalmar a mente e cultivar a calma interior. Concentre a sua atenção na contagem das respirações, na repetição de mantras numéricos ou na visualização de sequências numéricas. Ao dirigir a sua consciência para os números, pode ancorar-se no momento presente, deixando de lado as preocupações e distracções e encontrando refúgio na simplicidade e certeza dos padrões numéricos.

2. Os padrões matemáticos como conforto

Encontre conforto na familiaridade e previsibilidade dos padrões matemáticos. Quer seja a repetição rítmica da contagem, a simetria das formas geométricas ou a harmonia das sequências numéricas, os padrões matemáticos oferecem uma sensação de ordem e continuidade no meio do caos da vida. Abrace estes padrões com atenção, permitindo-lhes acalmar a sua mente e restaurar uma sensação de equilíbrio e harmonia.

3. Afirmações numéricas para a estabilidade

Aproveite o poder das afirmações numéricas para incutir uma sensação de estabilidade e segurança em tempos de turbulência. Crie afirmações positivas que incorporem números ou sequências numéricas significativas, tais como "Estou de castigo e centrado, como o ritmo constante de um batimento cardíaco" ou "Encontro força e resiliência na estabilidade dos padrões numéricos". Repita estas afirmações regularmente para reforçar os sentimentos de calma e estabilidade.

4. Envolvimento consciente em tarefas matemáticas

Aborde as tarefas e actividades matemáticas com consciência, concentrando toda a sua atenção na tarefa em questão. Quer se trate de resolver equações, equilibrar orçamentos ou organizar dados, mergulhe no processo com uma atenção consciente aos detalhes e à precisão. Ao envolver-se com a matemática de forma consciente, pode acalmar a tagarelice da mente, reduzir o stress e encontrar uma sensação de calma no meio da complexidade dos desafios numéricos.

5. Rituais numéricos para a ligação à terra

Crie rituais numéricos simples para se manter firme em momentos de caos ou incerteza. Quer seja contar até dez durante momentos de stress, traçar formas geométricas com os dedos ou recitar um mantra numérico favorito, estes rituais podem servir de âncora, trazendo-o de volta ao momento presente e proporcionando uma sensação de estabilidade e segurança.

Benefícios de encontrar a calma no caos através dos números

- **Aumento da resiliência:** Aceitar os números de forma consciente pode ajudar a criar resiliência, permitindo-nos navegar em tempos difíceis com maior facilidade e adaptabilidade.
- **Melhoria da clareza mental:** O envolvimento com padrões e sequências numéricas pode acalmar a mente, reduzir a confusão mental e melhorar a clareza cognitiva e a concentração.
- **Regulação emocional:** O envolvimento consciente com os números promove a regulação emocional, permitindo-nos responder ao stress e à incerteza com maior equanimidade e compostura.
- **Sentido de estabilidade:** Encontrar a calma no caos através dos números promove uma sensação de estabilidade e segurança, proporcionando uma âncora fiável no meio da turbulência dos altos e baixos da vida.
- **Prática aprofundada da atenção plena:** A incorporação dos números nas práticas de atenção plena expande o nosso repertório de ferramentas para cultivar a consciência do momento presente, promover a paz interior e fomentar o crescimento e o bem-estar pessoal.

Conclusão

No meio do caos e da incerteza da vida, os números oferecem uma fonte de consolo, estabilidade e segurança. Ao abraçar os números de forma consciente, podemos encontrar calma no meio do caos, acalmar a mente e cultivar a paz interior e a resiliência. Quer seja através de práticas de meditação numérica, padrões matemáticos como fontes de conforto, afirmações numéricas para estabilidade, envolvimento consciente em tarefas matemáticas ou rituais numéricos para estabilização, podemos aproveitar o poder dos números para navegar pelos desafios da vida com graça e equanimidade. Ao encontrarmos a calma no caos através dos números, podemos descobrir a paz e a força profundas que se encontram na simplicidade e na certeza dos padrões numéricos, e podemos levar esta sensação de calma e estabilidade connosco na nossa viagem através das paisagens em constante mudança da vida.

Ao concluirmos a nossa exploração da atenção matemática, vamos levar para as nossas vidas as lições aprendidas e os conhecimentos adquiridos. Continuemos a abraçar a beleza da matemática, a encontrar calma no caos através dos números e a integrar a atenção matemática nas nossas rotinas diárias. E lembremo-nos de que a viagem da atenção matemática não é um destino, mas um desenrolar contínuo de descoberta, crescimento e transformação.

Que possamos continuar a explorar as maravilhas da matemática com atenção e curiosidade, e que a nossa viagem nos conduza a percepções mais profundas, maior clareza e possibilidades ilimitadas. Ao adoptarmos a atenção matemática nas nossas vidas, possamos encontrar alegria, inspiração e poder no potencial infinito que a matemática oferece para enriquecer a nossa compreensão de nós próprios, do nosso mundo e da interligação de todas as coisas.

Referências

Amrein, A. L., e Berliner, D. C. (2002). High-stakes testing and student learning. *Educ. Policy Anal. Arch.* 10, 18. doi: 10.14507/epaa.v10n18.2002

Ancona, M. R., e Mendelson, T. (2014). Viabilidade e resultados preliminares de uma intervenção de yoga e mindfulness para professores de escolas. *Adv. Sch. Ment. Health Promot.* 7, 156-170. doi: 10.1080/1754730X.2014.920135

Ashcraft, M. H. (2002). Math anxiety: personal, educational, and cognitive consequences (Ansiedade matemática: consequências pessoais, educacionais e cognitivas). *Curr. Dir. Psychol. Sci.* 11, 181-185. doi: 10.1111/1467-8721.00196

Ashcraft, M. H., e Moore, A. M. (2009). A ansiedade matemática e a queda afectiva no desempenho. *J. Psychoeduc. Assess.* 27, 197-205. doi: 10.1177/0734282908330580

Baer, R. (2010). *Avaliando os processos de Mindfulness e Aceitação em clientes: Iluminando a Teoria e a Prática da Mudança.* Oakland, CA: New Harbinger Publications.

Bandura, A. (2010). "Self-efficacy," in *The Corsini Encyclopedia of Psychology*, eds I. Weiner and W. E. Craighead (Hoboken, NJ: John Wiley & Sons), 1-3. doi: 10.1002/9780470479216.corpsy0836

Barroso, C., Ganley, C. M., McGraw, A. L., Geer, E. A., Hart, S. A., e Daucourt, M. C. (2021). Uma meta-análise da relação entre ansiedade matemática e desempenho matemático. *Psychol. Bull.* 147, 134-168. doi: 10.1037/bul0000307

Beauchemin, J., Hutchins, T. L., e Patterson, F. (2008). Mindfulness meditation may lessen anxiety, promote social skills, and improve academic performance among adolescents with learning disabilities. *Complement. Health Pract. Rev.* 13, 34-45. doi: 10.1177/1533210107311624

Beilock, S. L., Kulp, C. A., Holt, L. E., e Carr, T. H. (2004). Mais sobre a fragilidade do desempenho: asfixia sob pressão na resolução de problemas matemáticos. *J. Exp. Psychol. Gen.* 133, 584-600. doi: 10.1037/0096-3445.133.4.584

Bellinger, D. B., DeCaro, M. S., e Ralston, P. A. (2015). Mindfulness, ansiedade e desempenho em matemática de alto risco no laboratório e na sala de aula. *Conscious. Cogn.* 37, 123-132. doi: 10.1016/j.concog.2015.09.001

Berggren, N., e Derakshan, N. (2013). Déficits de controle atencional na ansiedade traço: por que você os vê e por que não. *Biol. Psychol.* 92, 440-446. doi: 10.1016/j.biopsycho.2012.03.007

Betz, N. E. (1978). Prevalência, distribuição e correlações da ansiedade matemática em estudantes universitários. *J. Couns. Psychol.* 25, 441-448. doi: 10.1037/0022-0167.25.5.441

Betz, N. E., e Hackett, G. (1983). The relationship of mathematics self-efficacy expectations to the selection of science-based college majors. *J. Vocat. Behav.* 23, 329-345. doi: 10.1016/0001-8791(83)90046-5

Birdee, G. S., Wallston, K. A., Ayala, S. G., Ip, E. H., e Sohl, S. (2020). Desenvolvimento e propriedades psicométricas da escala de autoeficácia para a prática da meditação mindfulness. *J. Health Psychol.* 25, 2017-2030. doi: 10.1177/1359105318783041

Bishop, S. R., Lau, M., Shapiro, S., Carlson, L., Anderson, N. D., Carmody, J., et al. (2006). Mindfulness: uma proposta de definição operacional. *Clin. Psychol. Sci. Pract.* 11, 230-241. doi: 10.1093/clipsy.bph077

Printed by Books on Demand GmbH, Norderstedt / Germany